迪奥设计
1947–2020
DIOR LOOKS

1

摄影：拉齐兹·哈曼尼

*Photography
by Laziz Hamani*

克里斯汀·迪奥，梦之设计师
CHRISTIAN DIOR DESIGNER OF DREAMS

上海人民美术出版社　　Artron Books
雅昌艺术图书

目录
CONTENTS

新风貌
THE NEW LOOK

套装，本色绉纱洋装，黑色羊毛裙
一九六八年秋冬高级订制系列
克里斯汀·迪奥 – 马克·博昂
巴黎，迪奥典藏馆收藏

Ensemble, jacket in natural crepe
and skirt in black wool
Haute Couture Autumn-Winter 1968
Christian Dior – Marc Bohan
Dior Héritage collection, Paris

"必备"大衣
白色真丝硬纱风衣
一九九一年春夏高级订制"轻盈的奢华"系列
克里斯汀·迪奥 – 吉安科罗·费雷
巴黎，迪奥典藏馆收藏

Forcément
White gazar trench coat
Haute Couture Spring-Summer 1991,
Airy-Light Opulence collection
Christian Dior – Gianfranco Ferré
Dior Héritage collection, Paris

"Diosera" 套装
象牙色羊毛绉纱洋装，黑色漆光鳄鱼皮短裙
一九九七年春夏高级订制系列
克里斯汀·迪奥 – 约翰·加里亚诺
巴黎，迪奥典藏馆收藏

Diosera
Ivory wool crepe jacket and black
patent crocodile miniskirt
Haute Couture Spring-Summer 1997
Christian Dior – John Galliano
Dior Héritage collection, Paris

黑色羊毛燕尾服"迪奥套装"上衣，
黑色羊毛烟管裤
二〇一二年秋冬高级订制系列
克里斯汀·迪奥 – 拉夫·西蒙
巴黎，迪奥典藏馆收藏

Black wool tuxedo "Bar" jacket with
black wool cigarette trousers
Haute Couture Autumn-Winter 2012
Christian Dior – Raf Simons
Dior Héritage collection, Paris

米色羊毛上衣，白色棉质"我们都是女性主义者"
印花 T 恤，黑色绢纱百褶长裙
二〇一七年春夏成衣系列
克里斯汀·迪奥 – 玛丽亚·嘉茜娅·蔻丽
巴黎，迪奥典藏馆收藏

Ecru wool jacket with white cotton
"we should all be feminists" print
T-shirt and black pleated and dotted
tulle long skirt
Ready-to-Wear Spring-Summer 2017
Christian Dior – Maria Grazia Chiuri
Dior Héritage collection, Paris

"无穷梦幻"
米色双褶波浪小裙摆欧根纱"迪奥套装"上衣，
黑色百褶长裤
二〇一七年春夏高级订制系列
克里斯汀·迪奥 – 玛丽亚·嘉茜娅·蔻丽
巴黎，迪奥典藏馆收藏

Rêve infini
Ecru double peplum pleated organza
"Bar" jacket and black sunray-pleated
trousers
Haute Couture Spring-Summer 2017
Christian Dior – Maria Grazia Chiuri
Dior Héritage collection, Paris

迪奥先生
（一九〇五 – 一九五七年）
CHRISTIAN DIOR
1905-1957

迪奥套装
午后套装，本色山东绸收腰上衣，
黑色羊毛细裥圆裙
一九四七年春夏高级订制"花冠"系列
克里斯汀·迪奥
巴黎，迪奥典藏馆收藏

Bar
Afternoon ensemble,
natural shantung jacket and black
pleated wool crepe skirt
Haute Couture Spring-Summer 1947,
Corolle line
Christian Dior
Dior Héritage collection, Paris

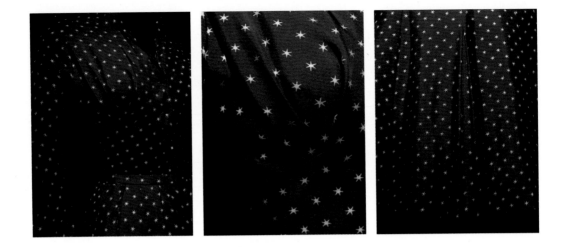

"幸运星"
午后礼服，蓝灰色真丝斜纹印花连衣裙
一九五二年春夏高级订制"蜿蜒"系列
克里斯汀·迪奥
巴黎，迪奥典藏馆收藏

Bonne étoile
Afternoon dress in printed blue-grey
silk twill
Haute Couture Spring-Summer 1952,
Sinueuse line
Christian Dior
Dior Héritage collection, Paris

迪奥小姐
MISS DIOR

迪奥小姐
刺绣真丝短款晚礼服
一九四九年春夏高级订制"幻象感"系列
克里斯汀·迪奥
巴黎，迪奥典藏馆收藏

Miss Dior
Embroidered silk short evening dress
Haute Couture Spring-Summer 1949,
Trompe-l'œil line
Christian Dior
Dior Héritage collection, Paris

  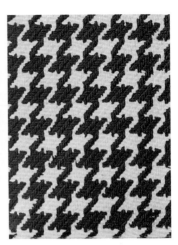

下页：
一九九三年版迪奥小姐香氛
巴黎，迪奥香水化妆品收藏

上：
迪奥小姐香水瓶的蝴蝶结、商标及礼盒千鸟格设计
巴黎，迪奥香水化妆品收藏

Opposite
Miss Dior perfume edition, 1993
Christian Dior Parfums collection, Paris

Above
Miss Dior couture bow, label, and
houndstooth presentation box
Christian Dior Parfums collection, Paris

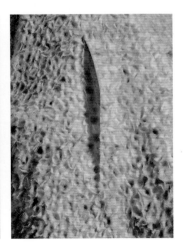

白色透明欧根纱礼服，饰以"点彩"
渐变雪纺刺绣
二〇一二年秋冬高级订制系列
克里斯汀·迪奥 – 拉夫·西蒙
巴黎，迪奥典藏馆收藏

White organza dress embroidered with
"Pointillists" dégradé chiffon
Haute Couture Autumn-Winter 2012
Christian Dior – Raf Simons
Dior Héritage collection, Paris

下页：
迪奥小姐香氛首款双耳细颈香氛瓶，
一九四七年
巴黎，迪奥香水化妆品收藏

上：
迪奥小姐香水瓶巴卡拉水晶特别版，
透明水晶加红色水晶（一九四九年），
乳白色水晶（一九五一年），
钴蓝色水晶（一九五〇年）
巴黎，迪奥香水化妆品收藏

Opposite
First amphora for the *Miss Dior*
perfume, 1947
Christian Dior Parfums collection, Paris

Above
Miss Dior perfume special-edition
bottles by Baccarat in clear crystal
together with red crystal (1949),
white opalescent crystal (1951)
and cobalt-blue crystal (1950)
Christian Dior Parfums collection, Paris

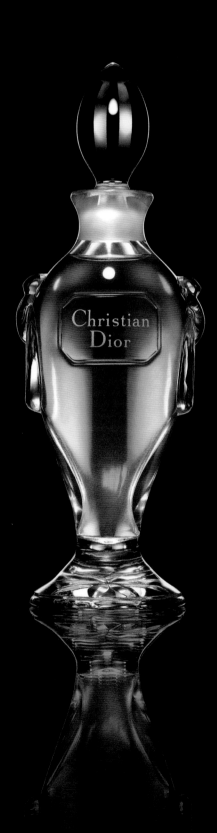

草木精华
本色流苏鸡尾酒礼服，碎花酒椰纤维和螺
纹刺绣设计源自迪奥先生的原始创作
二〇一七年春夏高级订制系列
克里斯汀·迪奥 – 玛丽亚·嘉茜娅·蔻丽
巴黎，迪奥典藏馆收藏

Essence d'herbier
Ecru fringe cocktail dress, floral raffia
and thread embroidery derived
from a Monsieur Dior original
Haute Couture Spring-Summer 2017
Christian Dior – Maria Grazia Chiuri
Dior Héritage collection, Paris

迪奥花园
THE DIOR GARDEN

"玫瑰玫瑰"
玫瑰花瓣图案印花粉红色真丝日装裙
一九五六年春夏高级订制"箭型"系列
克里斯汀·迪奥
巴黎，迪奥典藏馆收藏

Rose rose
Day ensemble in rose silk printed
with rose-petal motif
Haute Couture Spring-Summer 1956,
Flèche line
Christian Dior
Dior Héritage collection, Paris

"巴卡拉"
克里斯汀·迪奥-伊芙·圣·洛朗
一九五八年春夏高级订制"梯形"系列
灰色真丝罗缎短款晚礼服，印有白色花朵
巴黎，迪奥典藏馆收藏

Baccara
Grey silk faille short evening dress
printed with white flowers
Haute Couture Spring-Summer 1958,
Trapèze line
Christian Dior – Yves Saint Laurent
Dior Héritage collection, Paris

"皮埃尔 · 弗隆戴"
花卉印花真丝长晚礼服
一九五二年春夏高级订制"蜿蜒"系列
克里斯汀 · 迪奥
巴黎,迪奥典藏馆收藏

Pierre Frondaie
Floral-print silk long
evening sheath dress
Haute Couture Spring-Summer 1952,
Sinueuse line
Christian Dior
Dior Héritage collection, Paris

 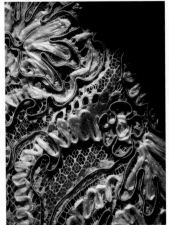 

"光与影"
波点塔夫绸，黑白花卉印花欧根纱雨衣，
灰色加白色蕾丝半身裙
一九九二年春夏高级订制
"在夏日芳香的微风中"系列
克里斯汀·迪奥 – 吉安科罗·费雷
巴黎，迪奥典藏馆收藏

Ombres et lumières
Raincoat in flecked taffeta and black-
and-white floral-print organza,
skirt in grey and white lace
Haute Couture Spring-Summer 1992,
In Balmy Summer Breezes collection
Christian Dior – Gianfranco Ferré
Dior Héritage collection, Paris

手绘刺绣黑色塔夫绸礼服裙
二〇一〇年秋冬高级订制系列
克里斯汀·迪奥－约翰·加里亚诺
巴黎，迪奥典藏馆收藏

Hand-painted embroidered
black taffeta dress
Haute Couture Autumn-Winter 2010
Christian Dior – John Galliano
Dior Héritage collection, Paris

米白色加浅黄色刺绣渐变绢纱礼服裙
二〇一一年春夏高级订制系列
克里斯汀·迪奥－约翰·加里亚诺
巴黎，迪奥典藏馆收藏

Embroidered off-white
and pale yellow dégradé tulle dress
Haute Couture Spring-Summer 2011
Christian Dior – John Galliano
Dior Héritage collection, Paris

绿色、白色加黑色真丝罗缎大衣
二〇一五年秋冬高级订制系列
克里斯汀·迪奥－拉夫·西蒙
巴黎，迪奥典藏馆收藏

Printed green, white and black
silk faille coat
Haute Couture Autumn-Winter 2015
Christian Dior – Raf Simons
Dior Héritage collection, Paris

克里斯汀·迪奥 – 玛丽亚·嘉茜娅·蔻丽
二〇一七年春夏高级订制系列
粉红色薄纱羽毛绣花礼服
巴黎，迪奥典藏馆收藏

Pink tulle dress embroidered
with flowers and birds' feathers
Haute Couture Spring-Summer 2017
Christian Dior – Maria Grazia Chiuri
Dior Héritage collection, Paris

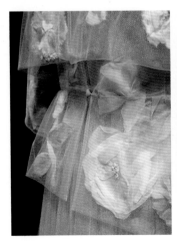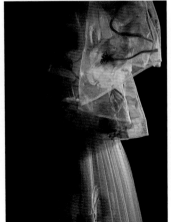

"花的舞蹈"
粉色绢纱披肩，春季花卉图案刺绣礼服裙
二〇一七年春夏高级订制系列
克里斯汀·迪奥－玛丽亚·嘉茜娅·蔻丽
巴黎，迪奥典藏馆收藏

Danse des fleurs
Powdery tulle capelet and dress
with spring floral embroideries
Haute Couture Spring-Summer 2017
Christian Dior – Maria Grazia Chiuri
Dior Héritage collection, Paris

迪奥工坊
THE DIOR ATELIERS

"迪奥套装"上装打版样衣的一半
一九四七年春夏高级订制"花冠"系列
克里斯汀·迪奥
巴黎，迪奥典藏馆收藏

Half-toile for the *Bar* suit jacket
Haute Couture Spring-Summer 1947,
Corolle line
Christian Dior
Dior Héritage collection, Paris

上装样衣   Toile for a jacket
二〇一二年秋冬高级订制系列   Haute Couture Autumn-Winter 2012
克里斯汀·迪奥－拉夫·西蒙   Christian Dior – Raf Simons
巴黎，迪奥典藏馆收藏   Dior Héritage collection, Paris

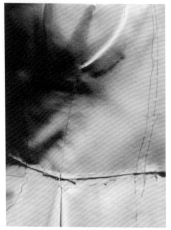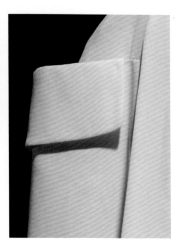

裙装样衣　　　　　　　　　Toile for a dress
二〇一二年秋冬高级订制系列　Haute Couture Autumn-Winter 2012
克里斯汀·迪奥 – 拉夫·西蒙　Christian Dior – Raf Simons
巴黎，迪奥典藏馆收藏　　　　Dior Héritage collection, Paris

裙装样衣
二〇一八年秋冬高级订制系列
克里斯汀·迪奥 – 玛丽亚·嘉茜娅·蔻丽
巴黎，迪奥典藏馆收藏

Toile for a dress
Haute Couture Autumn-Winter 2018
Christian Dior – Maria Grazia Chiuri
Dior Héritage collection, Paris

凡尔赛
VERSAILLES

"马奈启迪薇薇阿尼·奥斯"
蓝色刺绣上衣，塔夫绸细裥短裙
二〇〇七年秋冬高级订制"艺术家舞会"系列
克里斯汀·迪奥－约翰·加里亚诺
巴黎，迪奥典藏馆收藏

Viviane Orth Inspired by Manet
Blue embroidered jacket
and pleated taffeta skirt
Haute Couture Autumn-Winter 2007,
Le Bal des artistes collection
Christian Dior – John Galliano
Dior Héritage collection, Paris

浅蓝提花真丝礼服
二〇一四年秋冬高级订制系列
克里斯汀·迪奥 – 拉夫·西蒙
巴黎，迪奥典藏馆收藏

Light-blue jacquard silk dress
Haute Couture Autumn-Winter 2014
Christian Dior – Raf Simons
Dior Héritage collection, Paris

"爱尔兰"
克里斯汀·迪奥
一九五七年春夏高级订制"自由"系列
青瓷绿真丝罗缎晚礼服
巴黎，迪奥典藏馆收藏

Irlande
Celadon silk faille evening gown
Haute Couture Spring-Summer 1957,
Libre line
Christian Dior
Dior Héritage collection, Paris

"安琪"
本色手工刺绣古典风罗缎礼服
二〇〇〇年秋冬高级订制系列
克里斯汀·迪奥－约翰·加里亚诺
巴黎，迪奥典藏馆收藏

Angie
Ecru hand-embroidered
antique faille dress
Haute Couture Autumn-Winter 2000
Christian Dior – John Galliano
Dior Héritage collection, Paris

浅粉色刺绣真丝大衣，黑色羊毛上衣和裤子
二〇一四年秋冬高级订制系列
克里斯汀·迪奥－拉夫·西蒙
巴黎，迪奥典藏馆收藏

Embroidered pale pink silk coat
with black wool top and trousers
Haute Couture Autumn-Winter 2014
Christian Dior – Raf Simons
Dior Héritage collection, Paris

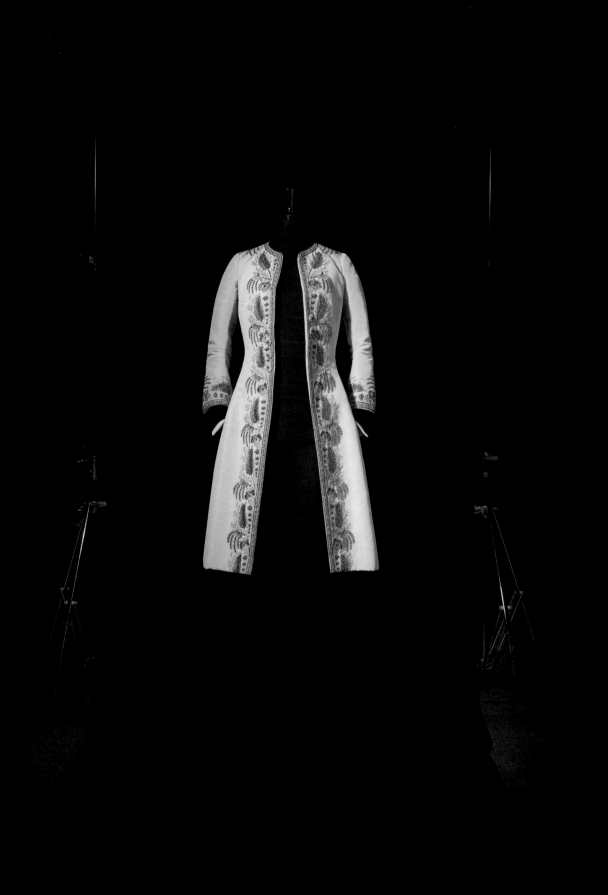

"51 号"
模压抹胸，彩色、金色和暗银线复古树叶图案刺绣，
灰粉色乔其纱半身裙
二〇一八年秋冬高级订制系列
克里斯汀·迪奥 – 玛丽亚·嘉茜娅·蔻丽
巴黎，迪奥典藏馆收藏

Numéro 51
Moulded bustier embroidered
with multicolour, gold and dulled silver
thread vintage foliage motif,
dusky pink georgette skirt
Haute Couture Autumn-Winter 2018
Christian Dior – Maria Grazia Chiuri
Dior Héritage collection, Paris

"60 号"
茹伊印花面料感手绘欧根纱
灰粉色绦带花边刺绣礼服
二〇一八年秋冬高级订制系列
克里斯汀・迪奥 – 玛丽亚・嘉茜娅・蔻丽
巴黎，迪奥典藏馆收藏

Numéro 60
Toile de Jouy-inspired hand-painted
organza dress, tonal dusky pink
passementerie embroidery
Haute Couture Autumn-Winter 2018
Christian Dior – Maria Grazia Chiuri
Dior Héritage collection, Paris

迪奥品牌的设计师
DESIGNERS FOR DIOR

"Banco"
克里斯汀·迪奥 – 伊芙·圣·洛朗
一九五八年春夏高级订制"梯形"系列
印花黑色真丝罗缎礼服
巴黎，迪奥典藏馆收藏

Banco
Printed black silk faille dress
Haute Couture Spring-Summer 1958,
Trapèse line
Christian Dior – Yves Saint Laurent
Dior Héritage collection, Paris

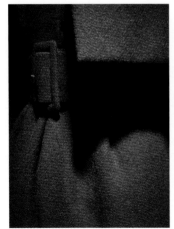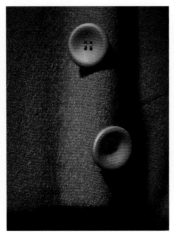

"高山"
套装，焦赭色羊毛连衣裙加上衣
一九五八年秋冬高级订制"弧线"系列
克里斯汀·迪奥 – 伊芙·圣·洛朗
巴黎，迪奥典藏馆收藏

Djebel
Ensemble, dress and jacket
in burnt-sienna wool
Haute Couture Autumn-Winter 1958,
Courbe line
Christian Dior – Yves Saint Laurent
Dior Héritage collection, Paris

黄色生丝礼服裙
克里斯汀·迪奥，伦敦，约一九五九年
克里斯汀·迪奥 – 伊芙·圣·洛朗
巴黎，迪奥典藏馆收藏

Yellow raw silk dress
Christian Dior London, circa 1959
Christian Dior – Yves Saint Laurent
Dior Héritage collection, Paris

 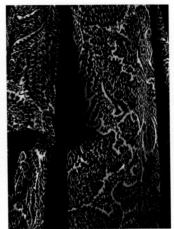 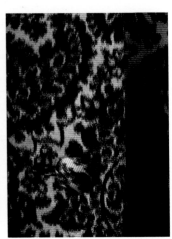

"剧本"
克里斯汀·迪奥 – 伊芙·圣·洛朗
一九五九年秋冬高级订制"1960"系列
粗横棱纹印花大衣，藏蓝色和白色中东风图案
巴黎，迪奥典藏馆收藏

Scénario
Coat in ottoman warp-printed
with a navy blue and white oriental
brocade motif
Haute Couture Autumn-Winter 1959,
1960 line
Christian Dior – Yves Saint Laurent
Dior Héritage collection, Paris

"芝加哥"
黑色鳄鱼皮夹克，黑色貂皮草
一九六〇年秋冬高级订制"轻柔生命"系列
克里斯汀·迪奥 – 伊芙·圣·洛朗
巴黎，迪奥典藏馆收藏

Chicago
Jacket in black crocodile trimmed
with black mink
Haute Couture Autumn-Winter 1960,
Souplesse, Légèreté, Vie collection
Christian Dior – Yves Saint Laurent
Dior Héritage collection, Paris

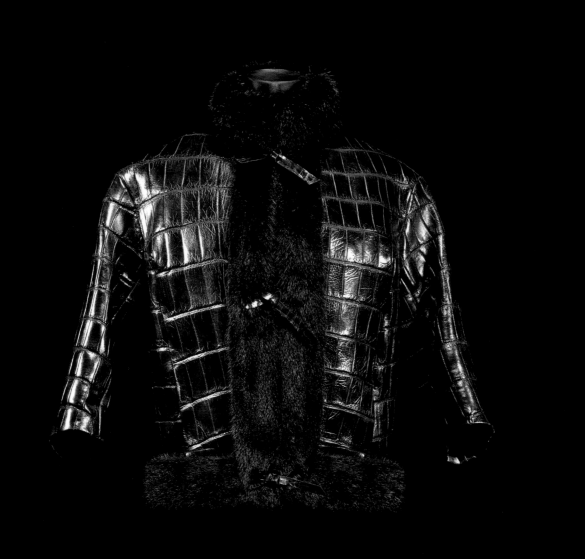

"顽童"
黑白相间粗呢套装，双排扣短外套，梯形半身裙，
披肩设计
一九六一年秋冬高级订制"魅惑 62"系列
克里斯汀·迪奥 – 马克·博昂
巴黎，迪奥典藏馆收藏

Gamin
Black-and-white tweed suit,
short double-breasted jacket,
A-line skirt, matching scarf
Haute Couture Autumn-Winter 1961,
Charm 62 collection
Christian Dior – Marc Bohan
Dior Héritage collection, Paris

黑色天鹅绒塑料亮片刺绣鸡尾酒会礼服
一九六九年秋冬高级订制系列
克里斯汀·迪奥－马克·博昂
巴黎，迪奥典藏馆收藏
（图片由纽约大都会艺术博物馆提供）

Short cocktail dress in black velvet
embroidered with sequins in plastic
and velvet
Haute Couture Autumn-Winter 1969
Christian Dior – Marc Bohan
Dior Héritage collection, Paris
(Object in the image courtesy of The
Metropolitan Museum of Art collection,
New York)

黑色和绿色条纹缎面长款晚礼服，
饰有黑色鸵鸟毛
一九六八年秋冬高级订制系列
克里斯汀·迪奥－马克·博昂
巴黎，迪奥典藏馆收藏
（图片由摩纳哥亲王宫提供）

Long evening dress in black and green
striped satin trimmed with black
ostrich feathers
Haute Couture Autumn-Winter 1968
Christian Dior – Marc Bohan
Dior Héritage collection, Paris
(Object in the image courtesy of Palais
Princier de Monaco collection)

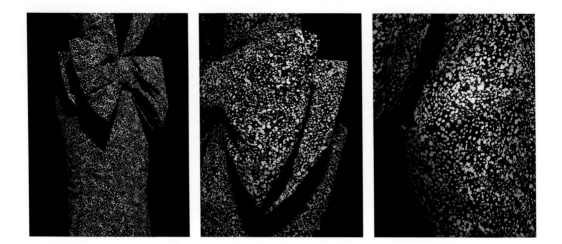

黑白印花罗缎晚礼服
一九八六年秋冬高级订制系列
克里斯汀·迪奥 – 马克·博昂
巴黎，迪奥典藏馆收藏

Black-and-white-printed
faille evening dress
Haute Couture Autumn-Winter 1986
Christian Dior – Marc Bohan
Dior Héritage collection, Paris

"激情"
火红色真丝缎面长款晚礼服，带裙拖，
抹胸腰部饰有刺绣花朵
一九八九年秋冬高级订制
"皇家赛马会 – 塞西尔·比顿" 系列
克里斯汀·迪奥 – 吉安科罗·费雷
巴黎，迪奥典藏馆收藏

Passion
Long evening dress with train in
flame-red silk satin, embroidered
bustier embellished at the waist
with fabric flowers
Haute Couture Autumn-Winter 1989,
Ascot–Cecil Beaton collection
Christian Dior – Gianfranco Ferré
Dior Héritage collection, Paris

"似墨天空"
长礼服套装，墨黑色真丝塔夫绸大衣，
墨黑色真丝绉纱修身连衣裙
一九九〇年秋冬高级订制
"冬夜寓言和童话"系列
克里斯汀·迪奥 – 吉安科罗·费雷
巴黎，迪奥典藏馆收藏

Ciel d'encre
Long ensemble, ink-black silk
taffeta overcoat and ink-black silk
crepe sheath dress
Haute Couture Autumn-Winter 1990,
Fables and Tales on a Winter's Night
collection
Christian Dior – Gianfranco Ferré
Dior Héritage collection, Paris

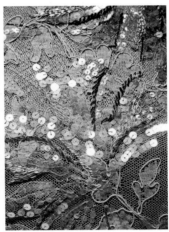

"磷火"
克里斯汀·迪奥 – 吉安科罗·费雷
一九九五年秋冬高级订制
"向保罗·塞尚致敬"系列
长款海绿色刺绣手绘蕾丝礼服
巴黎，迪奥典藏馆收藏

Feux follets
Long sea-green embroidered and
painted lace dress
Haute Couture Autumn-Winter 1995,
Tribute to Paul Cézanne collection
Christian Dior – Gianfranco Ferré
Dior Héritage collection, Paris

 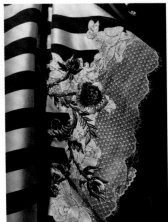 

"蕾丝冥想"
舞会礼服，刺绣蕾丝抹胸，黑白条纹真丝裙
一九九六年春夏高级订制
"克里斯汀·迪奥的花园"系列
克里斯汀·迪奥 – 吉安科罗·费雷
巴黎，迪奥典藏馆收藏

Songe de Dentelle
Ballgown, embroidered lace bustier,
black-and-white-striped silk skirt
Haute Couture Spring-Summer 1996,
In Christian Dior's Garden collection
Christian Dior – Gianfranco Ferré
Dior Héritage collection, Paris

报纸印刷图案真丝塔夫绸工装裤，波纹马甲
二〇〇〇年春夏高级订制系列
克里斯汀·迪奥－约翰·加里亚诺
巴黎，迪奥典藏馆收藏

Newspaper-print silk taffeta overalls
worn with silk moiré waistcoat
Haute Couture Spring-Summer 2000
Christian Dior – John Galliano
Dior Héritage collection, Paris

"胜利"
淡紫色分层塔夫绸裸色绢纱礼服裙，
"幻象感"裸色抹胸
二〇〇五年秋冬高级订制系列
克里斯汀·迪奥 – 约翰·加里亚诺
巴黎，迪奥典藏馆收藏

Victoire
Lilac layered taffeta and nude tulle dress,
worn with trompe-l'œil nude corset
Haute Couture Autumn-Winter 2005
Christian Dior – John Galliano
Dior Héritage collection, Paris

红色波纹天鹅绒刺绣礼服裙
二〇〇四年秋冬高级订制系列
克里斯汀·迪奥 – 约翰·加里亚诺
巴黎，迪奥典藏馆收藏

Embroidered red moiré
and velvet dress
Haute Couture Autumn-Winter 2004
Christian Dior – John Galliano
Dior Héritage collection, Paris

紫色刺绣真丝礼服
二〇〇八年春夏高级订制系列
克里斯汀·迪奥 – 约翰·加里亚诺
巴黎，迪奥典藏馆收藏

Embroidered purple silk dress
Haute Couture Spring-Summer 2008
Christian Dior – John Galliano
Dior Héritage collection, Paris

"迪奥红"山羊绒束腰大衣
二〇一二年秋冬高级订制系列
克里斯汀·迪奥 – 拉夫·西蒙
巴黎，迪奥典藏馆收藏

"Dior Red" cashmere "Bar" coat
Haute Couture Autumn-Winter 2012
Christian Dior – Raf Simons
Dior Héritage collection, Paris

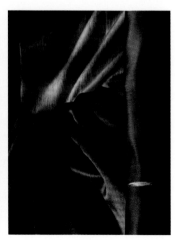

3/4 长紫红色素库缎晚礼服，
搭配斯特林·鲁比 SP28 暗调印花
二〇一二年秋冬高级订制系列
克里斯汀·迪奥 – 拉夫·西蒙
巴黎，迪奥典藏馆收藏

3/4-length fuchsia duchess satin
evening gown with Sterling Ruby
SP28 shadow print
Haute Couture Autumn-Winter 2012
Christian Dior – Raf Simons
Dior Héritage collection, Paris

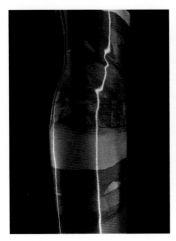 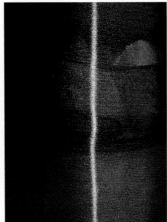 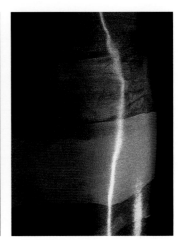

彩色印花真丝晚礼服
二〇一三年秋冬高级订制系列
克里斯汀·迪奥 – 拉夫·西蒙
巴黎，迪奥典藏馆收藏

Printed multicoloured silk
evening dress
Haute Couture Autumn-Winter 2013
Christian Dior – Raf Simons
Dior Héritage collection, Paris

米色真丝刺绣五彩丝带百褶礼服，
黑色羊毛两件套
二〇一五年春夏高级订制系列
克里斯汀·迪奥 – 拉夫·西蒙
巴黎，迪奥典藏馆收藏

Pleated off-white silk and embroidered
multicoloured ribbon and black wool
two-piece dress
Haute Couture Spring-Summer 2015
Christian Dior – Raf Simons
Dior Héritage collection, Paris

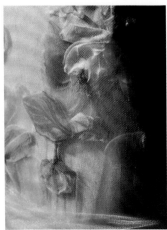

“记忆的清风”
沙色绢纱百褶礼服裙，春季主题花草风刺绣
二○一七年春夏高级订制系列
克里斯汀·迪奥 – 玛丽亚·嘉茜娅·蔻丽
巴黎，迪奥典藏馆收藏

Brise de mémoires
Sand-coloured pleated tulle dress
with spring-themed herbal-inspired
embroidery
Haute Couture Spring-Summer 2017
Christian Dior – Maria Grazia Chiuri
Dior Héritage collection, Paris

"梦幻"
手绘欧根纱舞会礼服，浅金色亮片刺绣
二〇一八年春夏高级订制系列
克里斯汀·迪奥 – 玛丽亚·嘉茜娅·蔻丽
巴黎，迪奥典藏馆收藏

Songe
Hand-painted organza ballgown
embroidered with pale gold sequins
Haute Couture Spring-Summer 2018
Christian Dior – Maria Grazia Chiuri
Dior Héritage collection, Paris

"机缘的扇子"
带裙拖的刺绣舞会礼服，绢纱翅膀，图案来自
一九五五年克里斯汀·迪奥设计的扇子
二〇一八年春夏高级订制系列
克里斯汀·迪奥 – 玛丽亚·嘉茜娅·蔻丽
巴黎，迪奥典藏馆收藏

Éventail de vos hasards
Ballgown with train, tulle wings,
embroidered after a
Christian Dior fan, 1955
Haute Couture Spring-Summer 2018
Christian Dior – Maria Grazia Chiuri
Dior Héritage collection, Paris

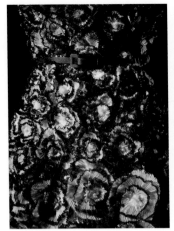

"29 号"
灰粉色抹胸礼服，
绣有层叠宝石褶黑边欧根纱花朵
二〇一八年秋冬高级订制系列
克里斯汀·迪奥 – 玛丽亚·嘉茜娅·蔻丽
巴黎，迪奥典藏馆收藏

Numéro 29
Dusky pink bustier dress embroidered
with a cascade of "jewel-pleat" black-
edged organza flowers
Haute Couture Autumn-Winter 2018
Christian Dior – Maria Grazia Chiuri
Dior Héritage collection, Paris

走向世界的迪奥
DIOR AROUND THE WORLD

"迪奥利库"
克里斯汀·迪奥 – 约翰·加里亚诺
一九九七年秋冬成衣
红色和黄色真丝提花短款礼服
巴黎,迪奥典藏馆收藏

Dioriku
Red and yellow silk jacquard
short dress
Ready-to-Wear Autumn-Winter 1997
Christian Dior – John Galliano
Dior Héritage collection, Paris

"埃雷奥诺拉公主"
克里斯汀·迪奥 – 约翰·加里亚诺
一九九八年秋冬高级订制
"迪奥东方快车之旅"系列
长款真丝绉纱晚礼服，绣有中国风图案
巴黎，迪奥典藏馆收藏

Principessa Eleonora
Long reseda silk crepe
evening dress embroidered
with Chinese-inspired patterns
Haute Couture Autumn-Winter 1998,
A Voyage on the Diorient Express
collection
Christian Dior – John Galliano
Dior Héritage collection, Paris

"阿尔西"
覆盆子玫红双面缎面修身抹胸长款晚礼服
一九九七年春夏高级订制系列
克里斯汀·迪奥－约翰·加里亚诺
巴黎，迪奥典藏馆收藏

Alcée
Long rasperry-pink double-faced satin
sheath dinner dress with trimmed bodice
Haute Couture Spring-Summer 1997
Christian Dior – John Galliano
Dior Héritage collection, Paris

"劳多米娅公主"
迪奥几何形小图案的铁锈红丝绉
纱短款高腰立领晚礼服，
长手套袖上绣有金黄色和靛蓝牡丹，
展翅的鹤和龙
一九九八年秋冬高级订制
"迪奥东方快车之旅"系列
克里斯汀·迪奥－约翰·加里亚诺
巴黎，迪奥典藏馆收藏

Principessa Laudomia
Short dinner dress with slightly high
waist and straight neckline in Dior
small geometric figured rust pimento silk
crepe, long glove sleeves embroidered
with a scattering of gold and indigo
peonies, winged cranes and dragons
Haute Couture Autumn-Winter 1998,
A Voyage on the Diorient Express
collection
Christian Dior – John Galliano
Dior Héritage collection, Paris

"爱之日"
"迪奥红"无尾礼服，羊毛绉绸百褶斗篷，
皮革缎面翻领，红色欧根纱领带及衬衫
二〇一八年春夏高级订制系列
克里斯汀·迪奥 – 玛丽亚·嘉茜娅·蔻丽
巴黎，迪奥典藏馆收藏

Amour soleil
"Dior Red" tuxedo and pleated cape
in red wool crepe and leathered-satin
lapels with a shirt and tie in red organza
Haute Couture Spring-Summer 2018
Christian Dior – Maria Grazia Chiuri
Dior Héritage collection, Paris

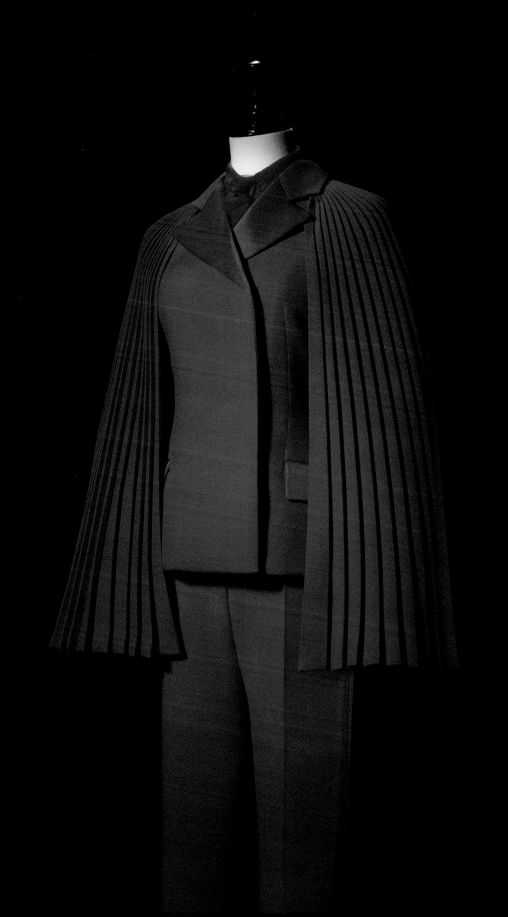

"红色天使"
克里斯汀·迪奥 – 玛丽亚·嘉茜娅·蔻丽
二○一八年春夏高级订制系列
"迪奥红"舞会礼服，红色薄纱扇形设计，
根据一九五○年弗朗西斯·普兰克的设计创作
巴黎，迪奥典藏馆收藏

Ange rouge
"Dior Red" ball gown in tiered tulle fans,
after the *Francis Poulenc* design, 1950
Haute Couture Spring-Summer 2018
Christian Dior – Maria Grazia Chiuri
Dior Héritage collection, Paris

"96 号"
真丝刺绣上衣，短裤
二〇一九年春夏高级订制系列
克里斯汀·迪奥 – 玛丽亚·嘉茜娅·蔻丽
巴黎，迪奥典藏馆收藏

Numéro 96
Silk jacket and shorts with silk thread
embroidery
Haute Couture Spring-Summer 2019
Christian Dior – Maria Grazia Chiuri
Dior Héritage collection, Paris

红色羊毛上衣，深灰色羊毛裙
二〇一〇年春夏高级订制系列
克里斯汀·迪奥 – 约翰·加里亚诺
巴黎，迪奥典藏馆收藏

Red wool jacket and charcoal wool skirt
Haute Couture Spring-Summer 2010
Christian Dior – John Galliano
Dior Héritage collection, Paris

克里斯汀·迪奥－约翰·加里亚诺
一九九九年秋冬高级订制系列
金色蕾丝刺绣绉纱乔其纱礼服，刺绣丝缎上衣
巴黎，迪奥典藏馆收藏

Embroidered gold lace and crepe
georgette dress with embroidered
satin jacket
Haute Couture Autumn-Winter 1999
Christian Dior – John Galliano
Dior Héritage collection, Paris

"苏巴朗"
立体刺绣罗缎，波纹晚礼服
一九六〇年秋冬高级订制"轻柔生命"系列
克里斯汀·迪奥－伊芙·圣·洛朗
巴黎，迪奥典藏馆收藏

Zurbarán
Jet-embroidered faille and moiré
evening gown
Haute Couture Autumn-Winter 1960,
Souplesse, Légèreté, Vie collection
Christian Dior – Yves Saint Laurent
Dior Héritage collection, Paris

"意愿"
缎面绉纱和蕾丝鱼尾裙长款礼服，
马赛人风格串珠抹胸
一九九七年春夏高级订制系列
克里斯汀·迪奥－约翰·加里亚诺
巴黎，迪奥典藏馆收藏

Kusudi
Long mermaid-line satin crepe and lace
dress, beaded bodice in the Maasai style
Haute Couture Spring-Summer 1997
Christian Dior – John Galliano
Dior Héritage collection, Paris

"35 号"
雪尼尔和金线刺绣，缎面绉纱贴花晚礼服
二〇一八年秋冬高级订制系列
克里斯汀·迪奥－玛丽亚·嘉茜娅·蔻丽
巴黎，迪奥典藏馆收藏

Numéro 35
Evening dress with satin crepe
appliqué embroidered with chenille
and gold thread
Haute Couture Autumn-Winter 2018
Christian Dior – Maria Grazia Chiuri
Dior Héritage collection, Paris

"墨西哥"
黑色天鹅绒短款晚礼服，橙红色丝绸，黑色刺绣
克里斯汀·迪奥一九五三年纽约秋冬高级订制
"杯状轮廓"系列
克里斯汀·迪奥
巴黎，迪奥典藏馆收藏

Mexico
Black velvet short evening dress, with
black embroidery on orange-red silk
Christian Dior-New York
Autumn-Winter 1953,
The Chalice Look collection
Christian Dior
Dior Héritage collection, Paris

迪奥真我
J'ADORE

真丝绉纱刺绣礼服,
查理兹·塞隆为迪奥真我香水广告大片穿着
二〇〇八年高级订制系列
克里斯汀·迪奥－约翰·加里亚诺
巴黎,迪奥香水化妆品收藏

Embroidered silk crepe dress worn by
Charlize Theron for *J'adore*
Haute Couture 2008
Christian Dior – John Galliano
Christian Dior Parfums collection, Paris

迪奥真我香水香水瓶，一九九九年　　　*J'adore* bottle, 1999
巴黎，迪奥香水化妆品收藏　　　Christian Dior Parfums collection, Paris

真丝雪纺刺绣礼服裙，
查理兹·塞隆为迪奥真我香水广告大片穿着
二〇一八年高级订制系列
克里斯汀·迪奥 – 玛丽亚·嘉茜娅·蔻丽
巴黎，迪奥香水化妆品收藏

Embroidered silk chiffon dress worn
by Charlize Theron for *J'adore*
Haute Couture 2018
Christian Dior – Maria Grazia Chiuri
Christian Dior Parfums collection, Paris

迪奥星光
STARS IN DIOR

稻黄色刺绣晚装套装，摩纳哥王妃格蕾丝·凯利
一九五六年参加典礼曾身着此装
一九五六年高级订制系列
克里斯汀·迪奥
巴黎，迪奥典藏馆收藏

Evening ensemble in embroidered
straw-yellow "Aléoulaine" worn by
Her Serene Highness Grace of Monaco
for a gala in 1956
Haute Couture 1956
Christian Dior
Dior Héritage collection, Paris

根据玛丽莲·梦露于一九六二年穿着的
礼服设计的黑色罗缎长款晚礼服
二〇一一年高级订制系列
克里斯汀·迪奥 – 比尔·盖登
巴黎，迪奥典藏馆收藏

Long black faille evening gown
designed after a model worn
by Marilyn Monroe in 1962
Haute Couture 2011
Christian Dior – Bill Gaytten
Dior Héritage collection, Paris

午夜蓝色缎面蕾丝长款礼服，
专为戴安娜王妃设计，
旨在庆祝一九九六年在纽约大都会艺
术博物馆举行的迪奥公司五十周年庆典
一九九六年高级订制系列
克里斯汀·迪奥 – 约翰·加里亚诺
巴黎，迪奥典藏馆收藏

Long midnight-blue satin and lace dress
designed for Lady Diana, Princess
of Wales, for the gala celebrating
the fiftieth anniversary of the House
of Dior held at the Metropolitan Museum
of Art, New York, in 1996
Haute Couture 1996
Christian Dior – John Galliano
Dior Héritage collection, Paris

章子怡二〇一一年罗马国际电影节上穿着的
浅绿真丝绢纱刺绣礼服
二〇一一年早春度假系列
克里斯汀·迪奥 – 约翰·加里亚诺
巴黎，迪奥典藏馆收藏

Embroidered pale-turquoise silk tulle
dress, worn by Zhang Ziyi at the 2011
Rome International Film Festival
Ready-to-Wear Cruise 2011
Christian Dior – John Galliano
Dior Héritage collection, Paris

 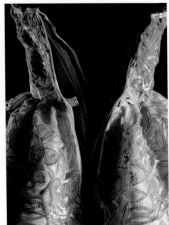 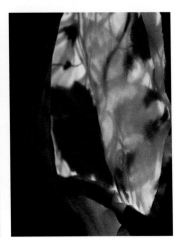

妮可·基德曼二〇一三年戛纳电影节上穿着的
欧根纱刺绣抹胸晚礼服
二〇一三年春夏高级订制系列
克里斯汀·迪奥 – 拉夫·西蒙
巴黎，迪奥典藏馆收藏

Embroidered organza bustier evening
dress worn by Nicole Kidman
at the 2013 Cannes Film Festival
Haute Couture Spring-Summer 2013
Christian Dior – Raf Simons
Dior Héritage collection, Paris

"塔罗"
艾玛·沃特森二〇一七年"Elle 时尚"
典礼上穿着的本色真丝塔夫绸礼服,
手绘和刺绣塔罗牌图案
二〇一七年春夏高级订制系列
克里斯汀·迪奥 – 玛丽亚·嘉茜娅·蔻丽
巴黎,迪奥典藏馆收藏

Tarot
Ecru silk taffeta dress with hand-
painted and embroidered tarot motifs,
worn by Emma Watson for the 2017
Elle Style ceremony
Haute Couture Spring-Summer 2017
Christian Dior – Maria Grazia Chiuri
Dior Héritage collection, Paris

蕾哈娜二〇一七年戛纳电影节上穿着的
象牙色塔夫绸上衣及礼服裙
二〇一七年高级订制系列
克里斯汀・迪奥 – 玛丽亚・嘉茜娅・蔻丽
巴黎，迪奥典藏馆收藏

Ivory taffeta coat and dress
worn by Rihanna at the 2017
Cannes Film Festival
Haute Couture 2017
Christian Dior – Maria Grazia Chiuri
Dior Héritage collection, Paris

"旋风"
露皮塔·尼永奥二〇一八年戛纳电影节
上穿着的白色马鬃编织笼状裙撑半身裙，
象牙色欧根纱叶子刺绣
二〇一八年春夏高级订制系列
克里斯汀·迪奥－玛丽亚·嘉茜娅·蔻丽
巴黎，迪奥典藏馆收藏

Tourbillon
Woven white horsehair cage and skirt,
embroidered with ivory organza leaves,
worn by Lupita Nyong'o at the 2018
Cannes Film Festival
Haute Couture Spring-Summer 2018
Christian Dior – Maria Grazia Chiuri
Dior Héritage collection, Paris

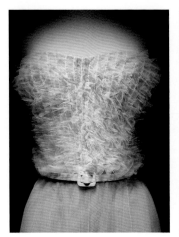 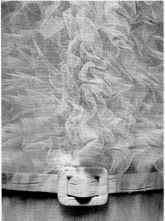 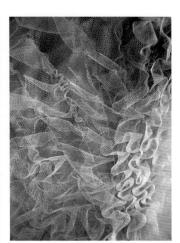

詹妮弗·劳伦斯为 Joy 香水广告大片穿着的
白色绢纱抹胸礼服裙
二〇一八年高级订制系列
克里斯汀·迪奥－玛丽亚·嘉茜娅·蔻丽
巴黎，迪奥香水化妆品收藏

White tulle bustier dress worn
by Jennifer Lawrence for *Joy*
Haute Couture 2018
Christian Dior – Maria Grazia Chiuri
Christian Dior Parfums collection, Paris

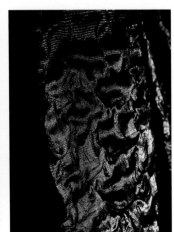

"176 号"
Angelababy 穿着的提花网纱不对称晚礼服，
蓝色至黑色渐变色，亮漆至哑光面料
二〇一九年秋冬高级订制系列
克里斯汀·迪奥 – 玛丽亚·嘉茜娅·蔻丽
巴黎，迪奥典藏馆收藏

Numéro 176
Asymmetric evening dress in gauze
jacquard with blue-to-black dégradé
and lacquered-to-matte finish,
worn by Angelababy
Haute Couture Autumn-Winter 2019
Christian Dior – Maria Grazia Chiuri
Dior Héritage collection, Paris

迪奥舞会
THE DIOR BALL

黑色薄纱晚礼服，绣有蓝色亮片
二○○八年秋冬高级订制系列
克里斯汀·迪奥 – 约翰·加里亚诺
巴黎，迪奥典藏馆收藏

Black tulle evening gown embroidered
with blue sequins
Haute Couture Autumn-Winter 2008
Christian Dior – John Galliano
Dior Héritage collection, Paris

黑色绢纱抹胸晚礼服，蓝色天鹅绒刺绣，
灵感来自一九五二年秋冬高级订制系列的
"伊瑟特"礼服
二〇一二年秋冬高级订制系列
克里斯汀·迪奥 – 拉夫·西蒙
巴黎，迪奥典藏馆收藏

Black tulle bustier evening dress
with blue velvet embroidery, inspired
by the *Esther* dress from the Autumn-
Winter 1952 Haute Couture collection
Haute Couture Autumn-Winter 2012
Christian Dior – Raf Simons
Dior Héritage collection, Paris

青铜色、金色、紫色和蓝色缕条真丝晚礼服
二〇一九年春夏高级订制系列
克里斯汀·迪奥 – 玛丽亚·嘉茜娅·蔻丽
巴黎，迪奥典藏馆收藏

Evening gown of laminated silk panels
in bronze, gold, violet and blue tones
Haute Couture Spring-Summer 2019
Christian Dior – Maria Grazia Chiuri
Dior Héritage collection, Paris

"晚会"
藏蓝色百褶塔夫绸黑色细点网眼蕾丝薄纱晚礼服
一九四七年春夏高级订制"花冠"系列
克里斯汀·迪奥
巴黎，迪奥典藏馆收藏

Soirée
Navy-blue pleated taffetas veiled with
black *point d'esprit* tulle evening dress
Haute Couture Spring-Summer 1947,
Corolle line
Christian Dior
Dior Héritage collection, Paris

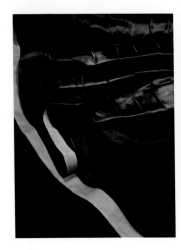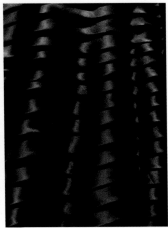

古铜色烫金"阿泽娜德公主"晚礼服
黑色欧根纱长款舞会礼服，分层金缕抹胸
一九九七年秋冬高级订制"时装系列的故事"
系列
克里斯汀·迪奥 – 约翰·加里亚诺
巴黎，迪奥典藏馆收藏

Princesse Azzénaïde-Bronze Doré
Full dance dress in black organza,
bustier in layered gold lamé
Haute Couture Autumn-Winter 1997,
The Story of a Collection
Christian Dior – John Galliano
Dior Héritage collection, Paris

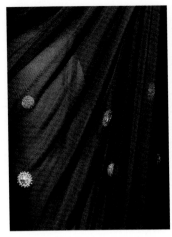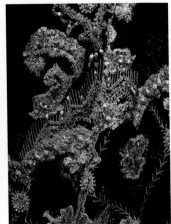

"天方夜谭"
黑色薄纱晚礼服，金色平背珠和金色蕾丝刺绣
一九九六年秋冬高级订制"印度之恋"系列
克里斯汀·迪奥－吉安科罗·费雷
巴黎，迪奥典藏馆收藏

Shalimar
Black chiffon evening dress
embroidered with golden beads
and golden lace appliqués
Haute Couture Autumn-Winter 1996,
Indian Passion collection
Christian Dior – Gianfranco Ferré
Dior Héritage collection, Paris

"停泊在巴黎"
金缕和黑色金色锦缎百叶蔷薇图案鸡尾酒裙
一九九八年春夏高级订制
"向卡莎第侯爵夫人诗意地致敬"系列
克里斯汀·迪奥－约翰·加里亚诺
巴黎，迪奥典藏馆收藏

Anclado en Paris
Golden lamé with black-and-gold
brocaded serge with a cabbage-rose-
pattern cocktail dress
Haute Couture Spring-Summer 1998,
A Poetic Tribute to the Marquesa Casati
Christian Dior – John Galliano
Dior Héritage collection, Paris

金缕长款晚礼服
一九八二年高级订制系列
克里斯汀·迪奥－马克·博昂
巴黎，迪奥典藏馆收藏

Long evening dress in gold lamé
Haute Couture 1982
Christian Dior – Marc Bohan
Dior Héritage collection, Paris

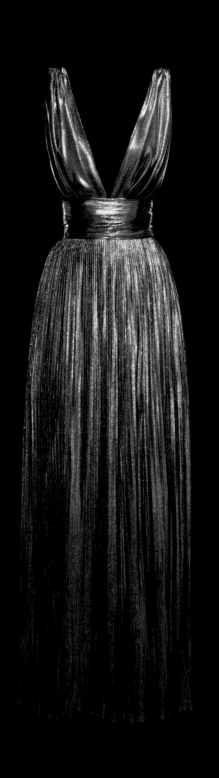

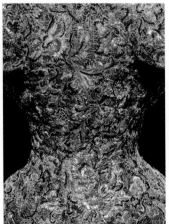
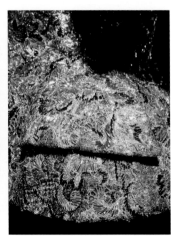

"班加罗尔公主"
银缕上衣，绣有古银色金属丝，银色鱼尾半身裙
一九九七年秋冬高级订制"时装系列的故事"系列
克里斯汀·迪奥 – 约翰·加里亚诺
巴黎，迪奥典藏馆收藏

Princesse Bangalore
Silver lamé jacket embroidered
with antique silver tinsel
and silver lamé mermaid skirt
Haute Couture Autumn-Winter 1997,
The Story of a Collection
Christian Dior – John Galliano
Dior Héritage collection, Paris

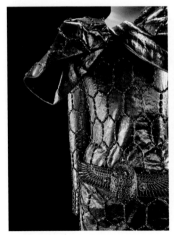

银缕晚礼服，绣有水钻
二〇〇四年春夏高级订制系列
克里斯汀·迪奥－约翰·加里亚诺
巴黎，迪奥典藏馆收藏

Silver lamé evening dress embroidered
with rhinestones
Haute Couture Spring-Summer 2004
Christian Dior – John Galliano
Dior Héritage collection, Paris

"假镜子"
灰色薄纱晚礼服，绣有灰色亮片，黑色丝绒贴片
和银缕刺绣
二〇一八年春夏高级订制系列
克里斯汀·迪奥 – 玛丽亚·嘉茜娅·蔻丽
巴黎，迪奥典藏馆收藏

Faux Miroir
Grey tulle evening dress embroidered
with grey sequins, black velvet
appliqués and silver thread
Haute Couture Spring-Summer 2018
Christian Dior – Maria Grazia Chiuri
Dior Héritage collection, Paris

"安缇内阿"
真丝银缕刺绣长款晚礼服
一九六五年春夏高级订制系列
克里斯汀·迪奥 – 马克·博昂
巴黎，迪奥典藏馆收藏

Antinéa
Embroidered long evening dress
in silver silk lamé
Haute Couture Spring-Summer 1965
Christian Dior – Marc Bohan
Dior Héritage collection, Paris

摄影：拉齐兹·哈曼尼
摄影助理：朱利安·舍瓦利耶

Photography by Laziz Hamani,
assisted by Julien Chevallier